Bibliografische Information der Deutschen Nationalbibliothek:

Die Deutsche Bibliothek verzeichnet diese Publikation in der Deutschen National-
bibliografie; detaillierte bibliografische Daten sind im Internet über http://dnb.d-
nb.de/ abrufbar.

Impressum:

Copyright © 2013 GRIN Verlag, Open Publishing GmbH
Druck und Bindung: Books on Demand GmbH, Norderstedt Germany
ISBN: 978-3-656-90635-3

Dieses Buch bei GRIN:

http://www.grin.com/de/e-book/289039/grundlagen-des-building-information-
modeling-bim-arten-ziele-und

Matthias Albrecht

Grundlagen des ‚Building Information Modeling' (BIM). Arten, Ziele und Vorteile des BIM

GRIN Verlag

Grundlagen des ‚Building Information Modeling' (BIM).
Arten, Ziele und Vorteile des BIM

Vorgelegt von:

Matthias Albrecht

<u>Inhalt</u>

1. Grundlagen des Building Information Modeling (BIM)

Eine Methode, die eine Prozessoptimierung zur Folge hat, ist das Building Information Modeling (BIM). BIM betrachtet dabei ganzheitlich den gesamten Bauprozess und ist dabei nicht nur 3D-Planungsinstrument, sondern als integrierte Arbeitsweise während der Planung, Ausführung und des Betriebes eines Bauwerkes zu sehen.

Diese Arbeit soll die am Bau Beteiligten über neue Möglichkeiten der Projektplanung mit Hilfe von Building Information Modeling informieren. Dafür wird der Planungsprozess mit BIM erläutert sowie die Vorzüge des Verfahrens dargestellt.

1.1 Begriffsdefinitionen

Building Information Modeling (BIM)

"BIM ist die digitale Abbildung der physikalischen und funktionalen Eigenschaften eines Bauwerks von der Grundlagenermittlung bis zum Rückbau/Abriss. Als solches dient es als Informationsquelle und Datendrehscheibe für die Zusammenarbeit über den gesamten Lebenszyklus des Bauwerks."[1]

Building Information Modeling beschreibt den Prozess der integrierten Planung und Verwendung eines digitalen Gebäudemodells in allen Lebenszyklusphasen des Gebäudes.[2]

Die Definitionen des Begriffs BIM sind geprägt von der Betrachtungsweise der einzelnen Ersteller. Eine allgemein gültige Definition des Begriffs konnte sich noch nicht etablieren.

Gebäudemodell (Building Information Model)

Das Gebäudemodell ist ein reales oder virtuelles Abbild eines Gebäudes, welches durch einen Modellbauer (real) oder von Nutzern unterschiedlichster computerunterstützter Konstruktionsprogramme (virtuell) erstellt wird. In der vorliegenden Arbeit wird der Begriff Gebäudemodell nur im Zusammenhang mit virtuellen Gebäudemodellen verwendet.

Projektbeteiligte

Bauherr

Der Bauherr beschreibt den Bedarf einer Baumaßnahme. Dieser definiert die Vorgaben, welche Funktionen das Bauwerk erfüllen soll. Die Bereitstellung der Finanzierung sowie die Beauftragung der Planung und Ausführung, sofern der

---

[1] (Smith, 2008)
[2] vgl. (Tulke, 2010) Seite 217

Bauherr fachlich oder personell nicht ausreichend besetzt ist, sind dessen Hauptaufgaben. Der Bauherr ist somit zentraler Initiator eines Bauprojektes.

Planer-Architekten und Fachplaner

Der Planer, meist Architekt, ist zentraler Erfüllungsgehilfe des Bauherrn. Dieser setzt die Vorgaben des Bauherrn um und erstellt mit Hilfe von Fachplanern (TGA, Tragwerksplaner, usw.) eine genehmigungsfähige Planung, die dann den Behörden zur Genehmigung vorgelegt werden. Oft werden Planer auch von ausführenden Unternehmen für die Erstellung einer Werkplanung (Ausführungsplanung) beauftragt. Der Architekt ist meistens mit einer Generalplanung, also der zentralen Zusammenführung und Verknüpfung der einzelnen Fachplanungen, beauftragt. Der Zusammenschluss der beteiligten Planer zu einer Arbeitsgemeinschaft (ARGE), welche eine Gesellschaft bürgerlichen Rechts ist, wird als weitere Organisationsstruktur in der Praxis angewandt. Gerade bei größeren Bauvorhaben bedient sich der Bauherr meist eines Projektsteuerers, der Planungs- und Ausführungsprozesse plant, koordiniert und überwacht. Dieser wird mit zu den Planern gezählt, da diese Aufgaben auch der Architekt übernehmen kann.

Behörden und Trägerschaften

Die Genehmigungsplanung wird während des Planungsprozesses verschiedenen Behörden (z.B. Bauaufsichtsbehörde, Naturschutzbehörde) zur Überprüfung des geltenden Baurechts (Landesbauordnung) vorgelegt. Im Genehmigungsverfahren wird die öffentlich-rechtliche Zulässigkeit des Bauvorhabens verifiziert. Die Behörden können Auflagen fordern oder an andere öffentlich bestellten Fachleute (Sachverständige) verweisen.

Ausführende

Die ausführenden Unternehmen setzten die Planung des Architekten in die Realität um. Dabei gibt es verschiedene Konstellationen von Ausführenden. Die zwei häufigsten Modelle sind einerseits die des Generalunternehmers (GU), der vom Bauherrn einen Auftrag über die komplette Leistungserstellung bekommt und die verschiedenen Gewerke (zum Teil mit eigenem gewerblichen Personal und meist mit Hilfe von Nachunternehmern) koordiniert und realisiert. Ein Generalübernehmer (GÜ) koordiniert lediglich die Leistungen der Nachunternehmen und hat selbst keine eigenes gewerbliches Personal. Andererseits übernimmt der Bauherr die Koordinierung der Einzelgewerke, sofern dieser personell sowie fachlich gut aufgestellt ist. Bei der Einzelgewerkvergabe übernehmen die einzelnen Unternehmen deren jeweilige Gewerke. Andere Konstellationen (z. B. Totalunternehmer und Totalübernehmer) sind ebenfalls möglich. Der Totalunternehmer (TU) führt neben der Bauleistung auch Planungsleistungen aus, sowohl mit eigenem gewerblichen Personal, als auch mit Nachunternehmen. Der Totalübernehmer (TÜ) hingegen hat kein eigenes gewerbliches Personal und führt ansonsten die gleichen Leistungen wie der TU aus. Der Unternehmer ist meist in der

Wahl seiner Ausführungsmethode frei, unter Berücksichtigung des vertraglich vereinbarten Leistungssolls.

Sonstige

Weiterhin können Inverstoren und Kapitalgeber zur Abdeckung der Finanzierung am Bau beteiligt sein. Auch ist die frühe Einbindung der Betreiber eines Bauwerks ebenso wichtig wie die der Nutzer (soweit bekannt). Zudem ist es erforderlich Nachbarn und evtl. die Öffentlichkeit über das Bauvorhaben zu informieren, um die Verzögerung oder einen Abbruch der Baumaßnahme durch juristische Klagen zu verhindern.[3]

Computer Aided Design (CAD)

Unter CAD wird die digitale, computerunterstützte Erstellung von Konstruktionsplänen verstanden. Es werden zweidimensionale Pläne in einem Konstruktionsprogramm erzeugt, die dann für den Bau bzw. der Dokumentation eines Gebäudes verwendet werden können. Zusätzliche Informationen der Bauteile können lediglich in Textform im Plan vermerkt werden, was somit nur eine statische und unflexible Nutzung der Daten ermöglicht.[4]

Dimensionalität der Gebäudemodelle (2D, 3D, 4D, 5D)

Unter 2D-Gebäudemodellen versteht man das Erstellen von Plänen mit Hilfe von CAD-Software im herkömmlichen Sinn. Es werden für die Darstellung eines Gebäudes Grundrisse, Schnitte, Ansichten sowie Detailzeichnungen benötigt.

Als 3D werden dreidimensionale Gebäudemodelle bezeichnet, die mit Hilfe von spezieller Software am Computer modelliert werden. Die Visualisierung des Gebäudes wird somit ermöglicht. Es ist möglich aus dem 3D-Gebäudemodell 2D-Pläne zu generieren. Das 3D-Gebäudemodell dient nicht nur zur Visualisierung des Gebäudes, sondern auch als Datenspeicher über alle Lebenszyklusphasen des Gebäudes. Hier können beispielsweise Oberflächenbeschaffenheiten, Dokumentationsdaten oder auch Angaben zu Wartungsintervallen hinterlegt werden.

Bei der 4D-Planung werden die Daten aus dem 3D-Modell mit der Terminplanung verknüpft, womit ein Bauablauf schon in der Planung visualisiert und während der Ausführung überwacht werden kann.

Die Verbindung des 3D- beziehungsweise 4D-Gebäudemodells mit Ressourcendaten der Kalkulation wird als 5D benannt. Dadurch sind genaue Aussagen über die Baukosten möglich.[5]

---

[3] vgl. (Jehle, Michailenko, Seyffert, & Wagner, 2013) Seite 27-29
[4] vgl. (Tulke, 2010) Seite 218
[5] vgl. (Liebich, Schweer, & Wernik, 2011) Seite 48

Industry Foundation Classes (IFC)

Die IFC sind ein freier Standard zum Austausch von Gebäudedaten im BIM-Prozess. Durch die IFC wird ein objektorientierter Datentransfer zwischen verschiedenen Konstruktions-Softwareapplikationen ermöglicht.

1.2 Building Information Modeling (BIM)

1.2.1 Beschreibung von BIM

Building Information Modeling bezeichnet den Prozess der Erzeugung eines digitalen Gebäudemodells mit Hilfe von spezieller Software. Das Gebäudemodell (Building Information Model) wird dreidimensional in einem Programm erstellt. Dabei wird ein 3D-Gebäudemodell erarbeitet und verwaltet, welches alle Informationen des Gebäudes ab der Leistungsphase 1 - "Grundlagenermittlung" nach HOAI beinhaltet. Das Gebäude wird von Beginn an in 3D modelliert, was vor allem große Kosten- sowie Zeiteinsparungen in der späteren Ausführungs- und Betriebsphase zur Folge hat. Jeder Projektbeteiligte, vor allem aber auch Nicht-Baufachleute, können sich dadurch ein räumlich visuelles Bild des späteren Bauwerkes schaffen. Alle Beteiligten können von Anfang an sämtliche Informationen des Projektes abrufen. Planänderungen müssen nicht mehr aufwändig ausgedruckt und verschickt werden. Die Planfreigabe kann über spezielle webbasierte Projektverwaltungsprogramme erfolgen, wodurch die Entscheidungszeiträume deutlich verkürzt werden.[6]

Die Erstellung und Pflege des 3D-Gebäudemodells ist kostenaufwändiger als das traditionelle 2D-Planzeichnen, jedoch können durch dieses Modell die Baukosten wesentlich exakter bestimmt werden. Mengenermittlungen für Ausschreibungen und Abrechnungen werden direkt aus dem Gebäudemodell entnommen, wodurch der Bauherr eine sehr hohe Kostentransparenz erfährt. Dadurch und durch die Erfassung aller Bauteile sinkt die Gefahr von Nachträgen. Außerdem ist eine Erweiterung des Gebäudemodells auf 5 Dimensionen denkbar, wobei dann die Termin- und Ressourcenplanung mit in das Modell eingebunden werden. So kann eine Baustelle im Vorfeld virtuell simuliert beziehungsweise kalkuliert werden.

Das fortlaufend aktualisierte Gebäudemodell kann nach Fertigstellung direkt an den Gebäudebewirtschafter weitergegeben werden. Die somit entfallende Gebäudeaufnahme ergibt eine weitere Kostenersparnis. Weiterhin sind Planungsfehler und Schnittstellenprobleme frühzeitig erkennbar.[7]

Die nachfolgende Abbildung visualisiert den Unterschied zwischen klassischer und BIM-Projektabwicklung.

---

[6] vgl. (Naumann, 2011) Seite 173-174
[7] vgl. (Heidemann, 2010) Seite 70-72

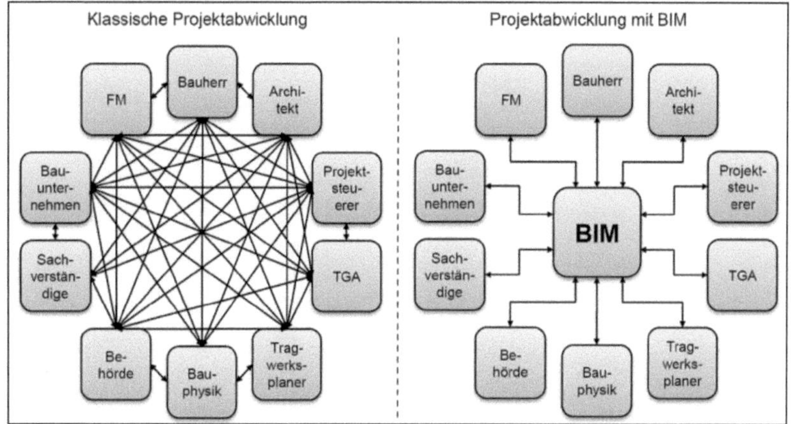

Abbildung 1 - Unterschied zwischen klassischer und BIM-Projektabwicklung[8]

In Abbildung 1 ist zu sehen, dass BIM nicht nur die Modellierung eines dreidimensionalen Gebäudemodells ist, sondern eine neue Form der Zusammenarbeit zwischen den Projektbeteiligten. Während die Kommunikation und Informationsweitergabe klassisch immer nur zwischen jeweils Beteiligten abläuft, bringt in der Planung mit BIM jeder dessen Informationen in das zentrale Datenmodell ein, worüber dann die Verständigung der beteiligten Akteure abläuft. Somit können keine Daten verloren gehen und die in der derzeitigen Praxis oft durchgeführte mehrmalige Eingabe von Angaben entfällt. Außerdem erfolgt mit BIM eine bessere Strukturierung und Organisation der Planungs- und Bauprozesse, was in der vorliegenden Arbeit eingehend diskutiert wird.

1.2.2 Arten des BIM

Es gibt zwei verschiedene Hauptarten des Building Information Modeling, welche unterschiedliche Ausprägungen des BIM-Prozesses beschreiben. Es wird zwischen einer "little BIM" und einer "big BIM"-Lösung differenziert. In nachfolgender Abbildung können die verschiedenen Arten der BIM-Prozesse erkannt werden:

---

[8] eigene Darstellung

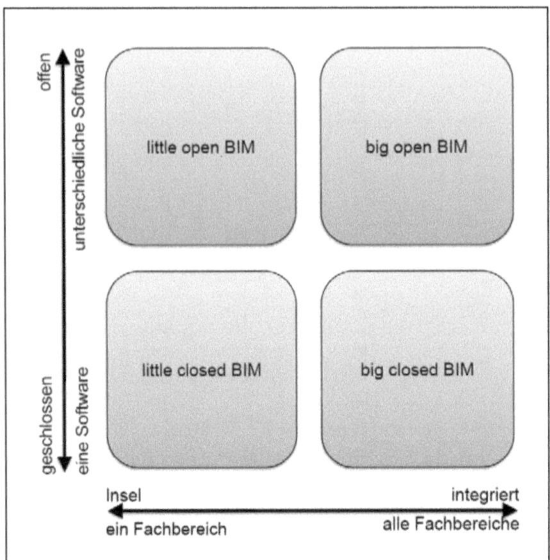

Abbildung 2 - Arten des BIM[9]

Die Bezeichnungen "little" oder "big" gibt dabei eine Aussage zu der Art der Anwendung: einerseits einer Insellösung (Innerhalb eines Projetbeteiligten), andererseits einer integrierten Lösung zwischen allen Projetbeteiligten. Die Begriffe "closed" oder "open" beschreiben die Art der Softwarelösung: "closed" charakterisiert eine isolierte Lösung mit der Software von einem Hersteller; "open" die Verwendung von verschiedenen Softwarepaketen, die untereinander mit universellen Schnittstellen verbunden werden können.

Little BIM

Little BIM (Insellösung) beschreibt die Anwendung von BIM-Prozessen in einem kleinen Rahmen, also beispielsweise in Ingenieur- und Architekturbüros, Bauunternehmen oder im Facility Management. Dabei nutzt der jeweilige Anwender das BIM-System ausschließlich für die Verbesserung seiner eigenen Arbeitsweise und stellt nur die Informationen in das Gebäudemodell ein, die von ihm genutzt werden können. Ein Ingenieurbüro benötigt beispielsweise zur Berechnung der Statik eines Gebäudes nicht die Oberflächenbeschaffenheit des Fußbodens, die jedoch für den Facility Manager wesentlich sind. Die Insellösung des BIM tauscht keine Daten mit anderen am Projekt Beteiligten aus. Die Software ist einheitlich ("little closed BIM"), wodurch keine Schnittstellenprobleme auftreten können.

---

[9] vgl. (Liebich, Schweer, & Wernik, 2011) Seite 46

Sofern der Nutzer von BIM sein Gebäudemodell auch anderen Projektbeteiligten zur Verfügung stellt, jedoch das Softwareumfeld nicht einheitlich ist, wird vom "little open BIM" gesprochen.

Open BIM

Open BIM (integrierte Lösung) bezeichnet die Anwendung vom BIM-Prozessen über mehrere Fachbereiche hinweg. Dabei wird die Zusammenarbeit zwischen den Fachplanern, beziehungsweise zwischen Planung und Ausführung oder Ausführung und Bewirtschaftung zentral koordiniert, um ein Gebäudemodell mit allen Informationen zu erstellen. Dies kann mit einer Softwarelösung erfolgen, was als "big closed BIM" beschrieben wird.

Sofern die Softwarepakete unterschiedlich sind und die jeweiligen Gebäudemodelle durch offene Schnittstellen miteinander zu einem Gebäudemodell verknüpft werden können, wird diese Variante als "big open BIM" bezeichnet. Hierbei können alle Projektbeteiligte auf ein zentrales, virtuelles Gebäudemodell zugreifen und deren Daten darin einbringen. Hierdurch ergeben sich Vorteile bezogen auf das gesamte Projekt.[10]

1.2.3 Ziele des BIM

Hauptziel des Building Information Modeling ist die Einführung eines integrierten Planungsprozesses unter Einbeziehung aller relevanten Daten des Gebäudes. Dafür soll nach Möglichkeit ein Modell erschaffen werden, auf das alle Projektbeteiligten, je nach deren Status, zugreifen können. BIM soll zudem die Prozesse in allen Lebenszyklusphasen, angefangen von der Konzeption, über die Planung, Ausführung bis hin zum Betrieb und schließlich der Verwertung eines Bauwerkes unterstützen und verbessern. Dadurch wird die Zusammenarbeit der beteiligten Akteure maßgeblich verbessert und Datenverluste oder die Mehrfacheingabe von Daten stark verringert bis vermieden.

1.2.4 Herkunft und Initiativen des BIM

Der Begriff Building Information Modeling wurde im Jahr 2003 von dem Unternehmen Autodesk geprägt. Virtuelle Planungsinstrumente wurden jedoch schon sehr viel früher in der Automobilindustrie als sogenanntes Product-Lifecycle-Management (PLM) Modell eingeführt. PLM ist vergleichbar mit 5D im Bauwesen. Dabei werden nicht nur Daten des jeweiligen Konstruktionsobjektes betrachtet, sondern die komplette Wertschöpfungskette, die die Herstellungstechnologie, Arbeitsmethoden, dafür benötigte Werkzeuge und Hilfsmittel, den Gesamtprozess inklusive der

---

[10] vgl. (Liebich, Schweer, & Wernik, 2011) Seite 45-47

Bereitstellung und Logistik sowie die daran beteiligten Akteure betrachtet und daraus ein umfassendes Datenmodell erstellt, um die Prozesse nachhaltig zu verbessern.[11]

Zur Übertragung dieses PLM-Systems in die Bauwirtschaft haben sich 5 große europäische Baukonzerne zur 5D Initiative (http://www.5d-initiative.eu) zusammen geschlossen. Darunter sind auch die deutschen Vertreter der Bauunternehmen Max Bögl und Strabag SE / Ed. Züblin AG.

Eine weitere Initiative, die sich mit der Einführung von BIM, speziell mit der offenen Weitergabe der Gebäudemodell-Daten beschäftigt, ist der buildingSMART e. V. (http://www.buildingsmart.de). Die Förderung des big open BIM Formates steht dabei im Vordergrund. Unter dem Begriff "open BIM" haben sich namhafte Softwarehersteller unter Initiative der internationalen buildingSMART International Ltd. zusammen-geschlossen, um den offenen Datenaustausch zu ermöglichen und zu fördern (siehe 1.2.2 Open BIM). Es werden Schulungen und Fachveranstaltungen zum Thema BIM angeboten, welche auch durch Intensive Forschungsarbeiten im Bereich BIM verifiziert sind (siehe [Liebich, Schweer und Wernik 2011]).

Die Initiative ForBAU (http://www.forbau.de) ist ein weiterer Zusammenschluss von privatwirtschaftlichen Partnern und staatlichen Forschungseinrichtungen zur Unter-suchung der digitalen Baustelle. Gefördert wurde diese dreijährige Forschungstätigkeit von der Bayerischen Forschungsstiftung. Bei dem Projekt waren sieben Lehrstühle bayrischer Universitäten bzw. Hochschulen, das Deutsche Zentrum für Luft- und Raumfahrttechnik (DLR) sowie 37 Industriepartner beteiligt. Dabei wurden die Potentiale, aber auch die Defizite der 3D-Modellierung, der Ablaufsimulation, des zentralen Datenmanagements, der Steuerung und Kontrolle der Bauausführung, also zusammenfassend des Builiding Information Managements erörtert. Zudem wurde auf die mobile Datenübertragung, die RFID[12]-Technologie sowie die Just-in-time-Lieferung im Bauwesen eingegangen.

Das Bundesministerium für Bildung und Forschung (BMBF) unterstütze von 2009-2012 ein weiteres Forschungsprojekt zur " Entwicklung eines Managementführungssystems für die partnerschaftliche, prozessgesteuerte und risikokontrollierte Abwicklung von Bauprojekten."[13] Das Projekt Mefisto (Management-Führung-Information-Simulation) wurde federführend von Professor Scherer, Leiter des Institutes für Bauinformatik an der Fakultät Bauingenieurwesen der TU Dresden betreut. Die Ergebnisse des Mefisto-Projektes ergaben eine große Relevanz des Building Information Modeling im Bauwesen. Zudem wurden neue Erkenntnisse im Bereich Datenmanagement und   -verwaltung, insbesondere in der Standardisierung der Datenübertragung, erlangt.

---

[11] vgl. (Kessoudis & Lodewijks, 2013) Seite 127
[12] Radio Frequenz Identifikation
[13] (Scherer & Schapke, 2012)

Das Bundesministerium für Verkehr, Bau und Stadtentwicklung stellte ab dem Jahr 2006 finanzielle Mittel für die Forschungsinitiative Zukunft Bau bereit. Bisher wurden drei Forschungsarbeiten im Bezug auf das Building Information Modeling gefördert. Dabei sind die "Auswirkungen der Planungsmethode Building Information Modelling (BIM) auf die Leistungsbilder und Vergütungsstruktur für Architekten und Ingenieure sowie auf die Vertragsgestaltung" von (Liebich, Schweer, & Wernik, 2011) sowie das BIM an sich mit dessen Potentialen und Hemmnissen von (KIT, 2012) untersucht worden. Zurzeit läuft die Bearbeitung der "Optimierung und Auswertung eines 3D-Gebäudemodells (Basis IFC) für Facility Management."[14]

1.2.5 Software

Alle namhaften Hersteller von Konstruktionssoftware vertreiben derzeit ein Produkt mit welchem BIM möglich ist. Folgende Tabelle gibt eine Übersicht der Hersteller und jeweils ein aktuelles BIM-Produkt:

Hersteller	Produkt	Website
AceCad	BIMProject	http://www.acecadsoftware.com
Autodesk	Revit	http://www.autodesk.de
Bentley	Bentley Architecture	http://www.bentley.com
BIB	ALLbudget®	http://www.bib-gmbh.de/
Cadsoft	Envisioneer Professional	http://www.cadsoft.com
Graphisoft	Archicad	http://www.graphisoft.de
Nemetschek	Nemetschek Allplan	http://www.nemetschek-allplan.de/
Tekla	Tekla Structures	http://www.tekla.com
Vico	Vico Office	http://www.vicosoftware.com
RIB	iTWO	http://www.rib-software.com/de

Tabelle 1 - Übersicht der BIM Software

Die Recherche ergab, dass alle dargestellten Software-Unternehmen eine 5D-BIM Lösung anbieten. Einige Softwareanbieter stellen den gesamten BIM-Prozess in einem Programm dar. Der Großteil jedoch verknüpft deren 3D-Konstruktionsprogramm mit weiteren Programmen für die Terminplanplanung (4D) oder der Mengenberechnung inklusive der Kalkulation der Kosten (5D). Für den Anwender ist zu empfehlen, die Produkte genauestens zu testen und Angebote miteinander zu vergleichen, da sich erfahrungsgemäß teilweise große Unterschiede bezüglich der Bedienbarkeit und Nutzerfreundlichkeit ergeben. Bei dieser

---

[14] vgl. (BBR, 2010)

Betrachtung sind vor allem auch monetäre Aspekte zu vergleichen, da beispielsweise die Einzellizenz von Autodesk Revit   circa 6.000 €[15] kostet, was vor allem für kleinere Architekturbüros, auch in Anbetracht der Nebenkosten (sehr aktuelle und leistungsfähige Hardwarevoraussetzungen), nicht einfach zu bewältigen ist.

1.2.6 Vorteile des BIM

Der aktuelle Projektabwicklungsprozess von Bauprojekten bietet große Potentiale um Bauvorhaben effizienter, kostentransparenter und qualitativ hochwertiger planen, ausführen und betreiben zu können. BIM unterstützt alle bisherigen Prozesse und führt zudem eine neue Arbeits- und Sichtweise in das Bauwesen ein. Durch die virtuelle Umgebung bietet BIM zusammengefasst folgende Vorteile gegenüber den traditionellen Projektabwicklungsverfahren:

Planungsphase

- Möglichkeit zum zentralen Datenzugriff durch alle Projektbeteiligte, dadurch entsteht eine optimierte Kommunikation zwischen den Beteiligten
- Ständige Aktualisierung sowie Verfügbarkeit der Daten, wodurch ein geringer Dokumentationsaufwand nach der Planungs- bzw. Bauphase entsteht
- Visualisierung des Bauwerkes zur Kollisionsprüfung mit anderen Fachabteilungen, als auch der Kommunikation gegenüber dem Bauherrn und der Öffentlichkeit
- Genaue Bestimmung der Baukosten bereits während der Planungsphase durch Erweiterung von 3D auf 5D (siehe 1.1 Dimensionalität)
- vereinfachte Erstellung von mehreren Planungsvarianten zur Optimierung des Bauwerkes

Ausführungsphase

- Leichte Überprüfung des Soll-Ist-Standes durch 4D (siehe 1.1 Dimensionalität)
- Einfaches Planmanagement und geringere Kosten bei Planungsänderungen
- Transparente Kostenkontrolle durch den Bauherr möglich
- Verringerung von Termin- und Kostenrisiken in der Bauphase durch genauere Planung

Betriebsphase

- schnelle Übermittlung aller relevanten Daten zur Gebäudebewirtschaftung
- Übergabe von Dokumentationsunterlagen schon während der Bauzeit möglich, dadurch kann der Betrieb des Gebäudes sofort nach Fertigstellung beginnen, was Bewirtschaftungslücken infolge einer Angebotserstellung vorbeugt[16]

---

[15] (Autodesk, 2013)
[16] vgl. (Naumann, 2011) Seite 174-175

1.3 Planungsprozess gemäß HOAI

Das nachfolgende Kapitel bezieht sich auf die Verordnung über Honorare für Leistungen der Architekten und Ingenieure (HOAI) in der Fassung vom 11. August 2009.

1.3.1 Übersicht der Leistungsphasen nach HOAI

Die nachfolgende Abbildung stellt die einzelnen Leistungsphasen im Leistungsbild Gebäude und raumbildende Ausbauten der HOAI 2009 dar. Es sind die Prozentsätze der Honorare für Gebäude dargestellt, welche mit dem jeweiligen Arbeitsumfang der Leistungsphase kongruieren. Außerdem sind wesentliche Punkte des Leistungsinhalts der jeweiligen LPH dargestellt.

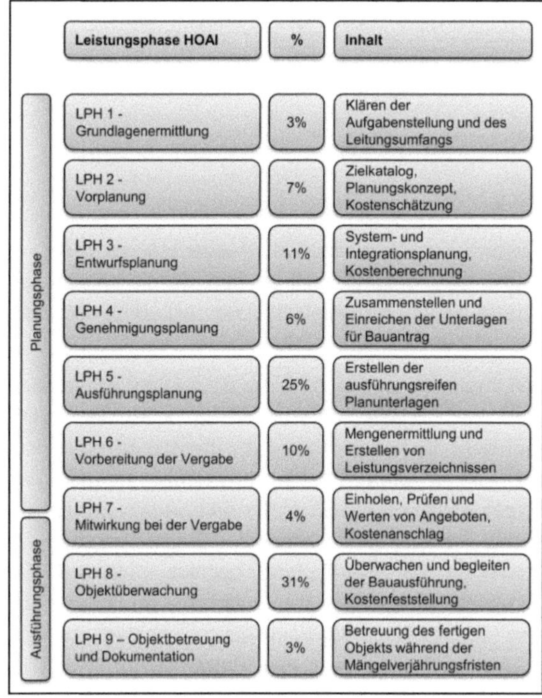

Abbildung 3 - Übersicht der Leistungsphasen nach HOAI 2009[17]

In Abbildung 3 lassen sich gut die Umfänge der einzelnen Leistungsphasen erkennen. Die Planung des Bauwerkes umfasst demnach 66 % des gesamten

---

[17] eigene Darstellung auf Grundlage der (HOAI, 2009)

Leistungsbildes Gebäude und raumbildende Ausbauten. Die restlichen 34 % der Leistung entfallen auf die eigentliche Ausführungsphase.

Die Leistungsphasen sind nach Planungs- und Ausführungsphase aufgeteilt. Die LPH 7 - "Mitwirkung bei der Vergabe" ist hier der Übergangspunkt zwischen Planung und Ausführung. Dies entspricht der klassischen Ausschreibung mit EP-Leistungsverzeich-nissen. Sofern andere Varianten der Ausschreibung durchgeführt werden (z.B. Funktionale Ausschreibung und Erstellung der Ausführungsplanung durch den Totalunternehmer), variiert dieser Übergangspunkt von der Planung des Architekten zum ausführenden Unternehmen. Die Vergabe des Auftrages an das Unternehmen erfolgt dann nach einer früheren Leistungsphase, meist nach der Genehmigungsplanung, wobei der Totalunternehmer oft baubegleitend die Ausführungsplanung erstellt.

Die Ausführungsphase endet nach der mängelfreien Erstellung des Bauwerkes. Deshalb wird die LPH 9 - Objektbetreuung und Dokumentation noch zur Ausführungsphase gezählt, obwohl das Bauwerk meist schon in Betrieb genommen wurde. Das Ende der Ausführungsphase liegt somit nach der vereinbaren Mängelgewährleistungsfrist.

1.3.2 Leistungsphasen 1-7 nach HOAI

Auf das Leistungsbild Gebäude und raumbildende Ausbauten im "Teil 3 Objektplanung" der HOAI soll besonders eingegangen werden, da die enthaltenen Leistungsphasen große Potentiale einer Projektabwicklung mit BIM-Methoden beschreiben.

Ziel der LPH 1-7 ist es, eine ausführungsreife Planung einer Bauleistung zu erhalten und diese auf dem freien Markt zur Abgabe von Preisen zu positionieren. Die Planung beginnt mit einer Idee, dem Vorhaben Kapital zu investieren oder dem Bedarf eines Gebäudes und kommt vom Bauherrn, welcher Initiator des Bauprojektes ist. Dieser beauftragt klassischerweise einen Architekten, der für die Umsetzung, sowie technische und wirtschaftliche Umsetzbarkeit der Bauherrenwünsche verantwortlich ist. Die Bearbeitung beginnt meist mit der Erstellung von verschiedenen Variantenstudien, die auch im Rahmen eines Architekturwettbewerbes erfolgen können. Nach der Festlegung einer Variante wird, unter Einbeziehung von verschiedenen Fachplanern, eine Entwurfsplanung erstellt, die der Baubehörde zur Genehmigung vorgelegt wird. Bei dem Entwurf müssen nicht nur technische Regelwerke, sondern auch baurechtliche Vorschriften (z.B. Landesbauordnung) beachtet werden. Nach erfolgter Genehmigung wird die Entwurfsplanung weiter bis zur Ausführungsplanung konkretisiert. In dem gesamten Planungsprozess entsteht so eine große Ansammlung an verfügbaren Daten, welche mit klassischen CAD-Programmen nur uneffektiv verwaltet werden kann.

Die Zusammenfassung der Daten zu einem Leistungsverzeichnis erfolgt nach der Mengenermittlung in der LPH 6 - "Vorbereitung der Vergabe". Die Ausführungspläne werden zusammen mit der Leistungsbeschreibung veröffentlicht, damit die ausführenden Unternehmen dafür Preise abgeben können. Der Architekt unterstützt den Bauherrn zudem bei der Auswahl des geeigneten Bieters, womit die Leistungsphase 7 - "Mitwirkung bei der Vergabe" abschließt.

Wie schon in Abschnitt 1.3.1 beschrieben, ist es möglich, einen Totalunternehmer mit der Erstellung der Ausführungsplanung zu beauftragen. Dadurch entfällt die Leistungsphase 5 beim Architekten. Dieser erstellt im Rahmen der Ausführungsplanung lediglich eine Objektbeschreibung (funktionale Ausschreibung). Die Einbindung eines ausführenden Unternehmens nach der Leistungsphase 1 - "Grundlagenermittlung" ist ebenfalls durch eine spezielle Vertragsart der öffentlich-privaten- oder privat-privaten-Partnerschaft möglich.[18]

---

[18] vgl. (Jehle, Michailenko, Seyffert, & Wagner, 2013) Seite 26-29

2. Literaturverzeichnis (inklusive weiterführender Literatur)

Monographien und Aufsätze in Fachzeitschriften

(Ahrens, Bastian, & Muchowski, 2004)   Ahrens, Bastian, & Muchowski. (2004). Handbuch Projektsteuerung - Baumanagement (Bd. 1). Stuttgart: Fraunhofer IRB.

(AIA, 2008)   AIA. (2008). Building Information Modeling Protocol Exhibit AIA Document E202 - 2008. Washington, USA: American Institute of Architecs.

(Altner, 2012)   Altner. (2012). Lean Construction - Erfahrungen mit schlanken Management-Prinzipien in der Einzelfertigung. In Reimuth, Gebhardt, Hauck, & Lohoff, Die Gestaltung des Wandels zur operativen Excellence: Erfahrungen, Reflexionen und Lernberichte (S. 314-324). Freiburg: Haufe-Lexware.

(Anderl, 1992)   Anderl. (1992). STEP - Grundlagen, Entwurfsprinzipien und Aufbau. In Krause, Jansen, & Ruhland, CAD '92 - Neue Konzepte zur Realisierung anwendungsorientierter CAD-Systeme (S. 361-368). Berlin: Springer.

(BMWi, 2013)   BMWi. (2013). Verordnung über die Honorare für Architekten- und Ingenieurleistungen - Referentenentwurf. Berlin: BMWi.

(Böllmann, 1993)   Böllmann. (1993). Kostenkontrolle während der Hochbaumaßnahme. München: Bayrischer Kommunaler Prüfungsverband.

(Borrmann, 2011)   Borrmann. (2011). Produktmodell-Server. In Günthner, & Borrmann, Digitale Baustelle - innovativer Planen, effizienter Ausführen (S. 135-136). Berlin: Springer.

(Borrmann & Günthner, 2011)   Borrmann, & Günthner. (2011). Die Digitale Baustelle und ihre Herausforderungen. In Günthner, & Borrmann, Digitale Baustelle - innovativer Planen, effizienter Ausführen (S. 2-7). Berlin: Springer.

(Borrmann, Liebich, & Juli, 2011)   Borrmann, Liebich, & Juli. (2011). BIM-gestützte Analysen, Berechnungen und Simulationen. In Günthner, & Borrmann, Digitale Baustelle - innovativer Planen, effizienter Ausführen (S. 37-38). Berlin: Springer.

(COBIM, 2012)   COBIM. (2012). Common BIM Requirements. Helsinki Finland: The Building Information Foundation RTS.

(Company, 2008)   Company, T. B. (2008). Sutter Health Fairfield Medical Office
                      Building - Ergebnisbericht. Fairfield, CA, USA: The Boldt
                      Company.

(ConsensusDocs,   ConsensusDocs. (2008). Building Information Modeling (BIM)
2008)   Addendum ConsensusDOCS 301. Arlington, USA:
                      ConsensusDocs .

(Diederichs,   Diederichs. (2005). Führungswissen für Bau- und
2005)   Immobilienfachleute (Bd. 2). Wuppertal: Springer.

(Finance, 2006)   Finance, D. o. (2006). Victorian Government: Project Alliancing
                      Practitioners' Guide. Melbourne, Australia: Department of
                      Treasure and Finance.

(Fischer & Gao,   Fischer, & Gao. (2008). Framework & Case Studies Comparing
2008)   Implementations & Impacts of 3D/4D Modeling Across Projects.
                      Stanford, USA: Stanford University.

(Gallaher, et. al,   Gallaher, O'Connor, Dettbarn, & Gilday. (2004). Cost Analysis of
2004)   Inadequate Interoperability in the U.S. Capital Facilities Industry.
                      Gaithersburg, USA: National Institute of Standards and
                      Technology.

(Gehbauer, 2006)   Gehbauer. (2006). Lean Management im Bauwesen -
                      Grundlagen. Karlsruhe: KIT Karlsruhe.

(Gehbauer &   Gehbauer, & Heidemann. (2010). Internationale kooperative
Heidemann,   Vertragsmodelle und ihre Anwendbarkeit in Deutschland. VDI-
2010)   Bautechnik , 116-120.

(Girmscheid,   Girmscheid. (2010). Projektabwicklung in der Bauwirtschaft (Bd.
2010)   3). Zürich: Springer.

(Gouvernment,   Gouvernment, H. (2012). Industrial strategy: government and
2012)   industry in partnership: Building Information Modeling. London,
                      Großbritannien: HM Gouvernment.

(GSA, 2007)   GSA. (2007). Building Information Modeling Guide Series 01.
                      Washington USA: U.S. General Service Administration.

(Günthner &   Günthner, & Borrmann. (2011). Digitale Baustelle - innovativer
Borrmann, 2011)   Planen, effizienter Ausführen (Bd. 1). Berlin: Springer.

(Günthner,   Günthner, Borrmann, Baumgärtel, Juli, Klaubert, Lederhofer, et
Borrmann, et al.   al. (2011). Bauen heute und morgen. In Günthner, & Borrmann,
2011)   Digitale Baustelle - innovativer Planen, effizienter Ausführen (S.
                      1-21). Berlin: Springer.

(Heidemann, 2010)	Heidemann. (2010). Kooperative Projektabwicklung im Bauwesen unter der Berücksichtigung von Lean Prinzipien - Entwicklung eines Lean-Projektabwicklungssystems. Karlsruhe: KIT Scentific Publishing.

(Hemmerling & Tiggemann, 2010)	Hemmerling, & Tiggemann. (2010). Digitales Entwerfen (Bd. 1). Paderborn: Fink.

(Hoffeller & Liebich, 2008)	Hoffeller, & Liebich. (2008). Anwenderhandbuch Datenaustausch BIM/IFC (Bd. 1). München: IAI - Industrieallianz für Interoperabilität e.V.

(Horenburg & Günthner, 2011)	Horenburg, & Günthner. (2011). Ablaufsimulation - Potentiale, Voraussetzungen und Vorgehensweise. In Günthner, & Borrmann, Digitale Baustelle - innovativer Planen, effizienter Ausführen (S. 163-169). Berlin: Springer.

(Horenburg, Borrmann, & König, 2011)	Horenburg, Borrmann, & König. (2011). Sammlung und Aufbereitung der Eingangsdaten. In Günthner, & Borrmann, Digitale Baustelle - innovativer Planen, effizienter Ausführen (S. 181-191). Berlin: Springer.

(Jehle, Michailenko, Seyffert, & Wagner, 2013)	Jehle, Michailenko, Seyffert, & Wagner. (2013). IntelliBau 2 (Bd. 1). Dresden: Springer.

(Kaminski, 2010)	Kaminski. (2010). Potentiale des BIM im Infrastrukturprojekt (Bd. 1). Leipzig: Books on Demand GmbH.

(Kessoudis & Lodewijks, 2013)	Kessoudis, & Lodewijks. (2013). Prozessintegration: von 3D/BIM zu 5D. In Rüppel, 2. Darmstädter Ingenieurkongress Tagungsband (S. 121-128). Aachen: Shaker Verlag.

(KIT, 2012)	KIT. (2012). BIM - Potentiale, Hemmnisse und Handlungsplan. Karlsruhe: Karlsruher Institut für Technologie KIT.

(Kymmel, 2008)	Kymmel. (2008). Building Information Modeling (Bd. 1). Chico: McGraw-Hill.

(Liebich & Hoffeller, 2008)	Liebich, & Hoffeller. (2008). Anwenderhandbuch Datenaustausch BIM/IFC. München: IAI - Industrieallianz für Interoperabilität.

(Liebich,
Schweer, &
Wernik, 2011)

Liebich, Schweer, & Wernik. (2011). Auswirkungen der Planungsmethode Building Information Modelling (BIM) auf die Leistungsbilder und Vergütungsstruktur für Architekten und Ingenieure sowie auf die Vertragsgestaltung (Bd. 1). Berlin: Bundesinstituts für Bau-, Stadt- und Raumforschung (BBSR) im Bundesamt für Bauwesen und Raumentwicklung (BBR).

(Ltd, 2008)

Ltd, A. A. (2008). Report on Project Alliancing activities in Australasia 2008. Crows Nest, Australia: Alliancing Association of Australasia Limited.

(Mack &
Wimmer, 2011)

Mack, & Wimmer. (2011). Herausforderungen für die Ablaufplanung im Infrastrukturbau. In Günthner, & Borrmann, Digitale Baustelle - innovativer Planen, effizienter Ausführen (S. 160-163). Berlin: Springer.

(May, 2013)

May. (2013). CAFM-Handbuch (Bd. 3). Berlin: Springer.

(McGraw-Hill,
2009)

McGraw-Hill. (2009). The business value of BIM. Getting Building Information Modelling to the Bottom Line . McGraw Hill Construction Research & Analytics.

(Naumann, 2011)

Naumann. (2011). Neue Planungswerkzeuge im Schlüsselfertigbau – Visionen, Herausforderungen und Grenzen. In Schach, Tagungsband Zukunftspotential Bauwirtschaft - 1. Internationaler BBB-Kongress (Bd. 1, S. 173-184). Dresden: Technische Universität Dresden.

(Nemetschek,
Allplan
Architektur 2013,
2013)

Nemetschek. (2013). Allplan 2013 Architektur. München: Nemetschek Infobroschüre.

(Neuberg, 2011)

Neuberg. (2011). Computer Aided Manufacturing. In B. Günthner, Digitale Baustelle - innovativer Planen, effizienter Ausführen (S. 93-102). Berlin: Springer.

(Popp, 2011)

Popp. (2011). Automatisierte Mengenermittlung. In Günthner, & Borrmann, Digitale Baustelle - innovativer Planen, effizienter Ausführen (S. 85-93). Berlin: Springer.

(Rank, Meißner &
Rüppel, 2012)

Rank, Meißner, & Rüppel. (2012). Bauinformatik. In Zilch, Diederichs, Katzenbach, & Beckmann, Handbuch für Bauingenieure (S. 1-60). Heidelberg: Springer.

(Richter, 2009)

Richter. (2009). Konzepte für den Einsatz versionierter Objektmodelle im Bauwesen (Bd. 1). Weimar: Verlag der Bauhaus-Universität Weimar.

(Schach & | Schach, & Sperling. (2001). Baukosten - Kostensteuerung in
Sperling, 2001) | Planung und Ausführung. Dresden: Springer.

(Schach, Berner, | Schach, Berner, & Kochendörfer. (2013). Grundlagen der
& Kochendörfer, | Baubetriebslehre (Bd. 2). Dresden: Springer.
2013)

(Schaper & | Schaper, & Schumann. (2013). BIM-Methoden für
Schumann, 2013) | Projektentwickler und Bauherren. In Rüppel, & Kreger, 2.
Darmstädter Ingenieurkongress Bau und Umwelt - Tagungsband
(S. 111-115). Aachen: Shaker Verlag.

(Scherer, | Scherer, Schapke, & Tauscher. (2010). Mefisto: Management -
Schapke & | Führung - Information - Simulation im Bauwesen : Tagungsband
Tauscher, 2010) | 1. Mefisto-Kongress, 21. Oktober 2010, Dresden. Dresden: TU
Dresden Institut für Bauinformatik.

(Schleicher, | Schleicher. (2012). Komplexitätsmanagement bei der Kalkulation
2012) | im Schlüsselfertigbau. ibr (12), 18-21.

(Scholtissek, | Scholtissek. (2013). Unterlage Fachseminar HOAI Novellierung
2013) | 2013. München: Nemetschek Allplan Deutschland GmbH.

(Schorr, | Schorr. (2011). Bauplanung. In Günthner, & Borrmann, Digitale
Bauplanung, | Baustelle - innovativer Planen, effizienter Ausführen (S. 139-
2011) | 144). Berlin: Springer.

(Schorr, | Schorr. (2011). Dokumentenmanagement-Systeme. In Günthner,
Dokumentenman | & Borrmann, Digitale Baustelle - innovativer Planen, effizienter
agement- | Ausführen (S. 126-130). Berlin: Springer.
Systeme, 2011)

(Schorr, Ein | Schorr. (2011). Ein modellbasiertes, lebenszyklusorientiertes
modellbasiertes, | Datenmanagement-Konzept für Straßen- und
lebenszyklusorie | Brückenbauprojekte (Bd. 1). München: fml – Lehrstuhl für
ntiertes..., 2011) | Fördertechnik Materialfluss Logistik Technische Universität
München.

(Schorr & Filitz, | Schorr, & Filitz. (2011). Produktdatenmanagement-Systeme. In
2011) | Günthner, & Borrmann, Digitale Baustelle - innovativer Planen,
effizienter Ausführen (S. 130-134). Berlin: Springer.

(Schorr & | Schorr, & Sanladerer. (2011). Herausforderungen des
Sanladerer, | unternehmensübergreifenden Datenmanagements. In Günthner,
2011) | & Borrmann, Digitale Baustelle - innovativer Planen, effizienter
Ausführen (S. 120-124). Berlin: Springer.

(Seifert, 2008) | Seifert. (2008). BIM im Planungsprozess – Gebäudedatenmodell
und Kostenermittlung. Weimar: Bauhaus-Universität Weimar.

(Semper, 2008)   Semper. (2008). Vom digitalen 2D-Plan zum BIM. Bau Thema (2), 34-37.

(Sjøgren & Myhre, 2011)   Sjøgren, & Myhre. (2011). Norwegian Home Builders' BIM Manual. Oslo: Norwegian Homebuilders Association.

(Statsbygg, 2011)   Statsbygg. (2011). Statsbygg BIM Manual 1.2. Oslo, Norwegen: Statsbygg - P.O. box 8106 dep., N-0032 Oslo, Norway.

(Stoy, 2007)   Stoy. (2007). Baukostenplanung in frühen Projektphasen (Bd. 1). Zürich: vdf Hochschulverlag AG.

(Tauscher, 2011)   Tauscher. (2011). Vom Bauwerksinformationsmodell zur Terminplanung (Bd. 1). Weimar: Verlag der Bauhaus-Universität Weimar.

(Tulke, 2010)   Tulke. (2010). Kollaborative Terminplanung auf Basis von Bauwerksinformationsmodellen (Bd. 1). Weimar: Verlag der Bauhaus-Universität Weimar.

(Weiss, 2008)   Weiss. (2008). Bauen mit Methode - Projekt-, Zeit-, und Kostenmanagement mit BIM. Deutsche Bauzeitschrift (11), 77-78.

(Willberg, Baumgärtel & Klaubert, 2011)   Willberg, Baumgärtel, & Klaubert. (2011). Bauen heute - Der Bauprozess aus Sicht der Beteiligten. In Günthner, & Borrmann, Digitale Baustelle - innovativer Planen, effizienter Ausführen (S. 8-18). Berlin: Springer.

(Wimmer, 2011)   Wimmer. (2011). Fazit und Ausblick. In Günthner, & Borrmann, Digitale Baustelle - innovativer Planen, effizienter Ausführen (S. 201-202). Berlin: Springer.

(Wimmer & König, 2011)   Wimmer, & König. (2011). Bauwesen. In Günthner, & Borrmann, Digitale Baustelle - innovativer Planen, effizienter Ausführen (S. 175-181). Berlin: Springer.

(Wimmer & Reif, 2011)   Wimmer, & Reif. (2011). Visualisierung mittels Virtual und Augmented Reality. In Günthner, & Bormann, Digitale Baustelle - innovativer Planen, effektiver Ausführen (S. 82-85). Berlin: Springer.

(Zilch, Diederichs, Katzenbach, & Beckmann, 2012)   Zilch, Diederichs, Katzenbach, & Beckmann. (2012). Handbuch für Bauingenieure (Bd. 2). Heidelberg: Springer.

Normen, Regelwerke und Richtlinien

(HOAI, 2009)   HOAI. (2009). Verordnung über die Honorare für Architekten- und Ingenieurleistungen. Berlin: Deutscher Taschenbuch Verlag.

(VOB/A, 2009)   VOB/A. (2009). VOB Teil A: Allgemeine Bestimmung für die Vergabe von Bauleistungen. Berlin: Deutsche Vergabe- und Vertragsausschuss für Bauleistungen.

(VOF, 2009)   VOF. (2009). Vergabeordnung für Freiberufliche Leistungen. Berlin: Bundesministerium der Justiz

(VOL/A, 2009)   VOL/A. (2009). Vergabe- und Vertragsordnung für Leistungen Teil A: Allgemeine Bestimmung für die Vergabe von Leistungen. Berlin: Bundesministerium der Justiz

(VOL/B, 2003)   VOL/B. (2003). Vergabe- und Vertragsordnung für Leistungen Teil B: Allgemeine Vertragsbedingungen für die Ausführung von Leistungen. Berlin: Bundesministerium der Justiz

Internet

(Autodesk, 2013)   Autodesk. (2013). Autodesk Online Shop. Abgerufen am 03. 05 2013 von http://www.autodesk.de/adsk/servlet/pc/index?siteID=403786&id=17233804

(BBR, 2010)   BBR. (26. 04 2010). Forschungsinitiative Bau. Abgerufen am 19. 06 2013 von Suchbegriff BIM: http://www.forschungsinitiative.de/cluster.jsp

(buildingSMART, 2013)   buildingSMART. (03. 04 2013). buildingSMART. Abgerufen am 04. 06 2013 von http://www.buildingsmart.de/kos/WNetz?art=News.show&id=142

(Committee, 2008)   Committee, C. P. (2008). CONSTRUCTION PROJECT INFORMATION. Abgerufen am 14. 06 2013 von http://www.cpic.org.uk/en/publications/production-information/appendix-d1.cfm

(ENGworks, 2012)   ENGworks. (21. 06 2012). Youtube. Abgerufen am 02. 06 2013 von BIM 4D Scheduling - Building Information Modeling - Construction Sequencing (Flyaround) - ENGworks: http://www.youtube.com/watch?v=zvbcFozUkYQ

(Jerkovic, Saad &   Jerkovic, Saad, B., & Türk. (03. 01 2012). Bauwesen FH
Türk, 2012)   München. Abgerufen am 15. 06 2013 von BIM – Building
                     Information Modeling: ftp://www.bauwesen.fh-
                     muenchen.de/Baubetrieb/clausen/Projektmanagement/StA%20W
                     S%2011_12/Gr%202%20BIM.pdf

(Juli, 2010)   Juli. (01. 01 2010). buildingSMART. Abgerufen am 21. 05 2013
                     von Das buildingSMART BIM Handbuch: http://www.bim-
                     guide.org/index.php?id=2

(Liebich, 2010)   Liebich. (01. 10 2010). Mefisto. Abgerufen am 20. 05 2013 von
                     Interdisziplinäre Nutzung von Fachmodellen: http://www.mefisto-
                     bau.de/pdf/k1_05.pdf

(Nemetschek,   Nemetschek. (2013). Building Information Modeling mit
BIM mit   Nemetschek Allplan. Abgerufen am 08. 05 2013 von
Nemetschek   http://www.nemetschek-allplan.de/
Allplan, 2013)

(Professionals,   Professionals, A. o. (07. 03 2012). Strategic-Alliances. Abgerufen
2012)   am 30. 05 2013 von http://www.strategic-
                     alliances.org/content/2012/3/7/building-no-fault-no-blame-
                     partnering-cultures-down-under.html

(Scherer &   Scherer, & Schapke. (30. 09 2012). Mefisto. Abgerufen am 19.
Schapke, 2012)   05 2013 von http://www.mefisto-bau.de/overview.html

(Schneider-   Schneider-Sorger. (2009). Korrekter Datenaustausch aller
Sorger, 2009)   Projektbeteiligten. Abgerufen am 13. 04 2013 von
                     http://www.orca-software.com/presse/mitteilungen/mitteilungen-
                     detail/browse/2/article/149/news-2.html

(Smith, 2008)   Smith. (24. 07 2008). National Institute of Building Science.
                     Abgerufen am 02. 05 2013 von http://www.wbdg.org/bim/bim.php

(Sowiesokosten,   Sowiesokosten. (2012). Abgerufen am 14. 06 2013 von Enzyklo:
2012)   http://www.enzyklo.de/Begriff/Sowiesokosten

(Strohschneider,   Strohschneider. (23. 11 2012). buildingSMART. Abgerufen am
2012)   23. 05 2013 von BIM im Mittelpunkt: Symposium Öffentliche
                     Hand:
                     http://www.buildingsmart.de/kos/WNetz?art=News.show&id=124

Mehr zu diesem Thema finden Sie in „Building Information Modeling (BIM) zur Sicherstellung der Datendurchgängigkeit in der Planung von Bauleistungen" von Matthias Albrecht. ISBN: 978-3-656-53701-4

http://www.grin.com/de/e-book/264391/